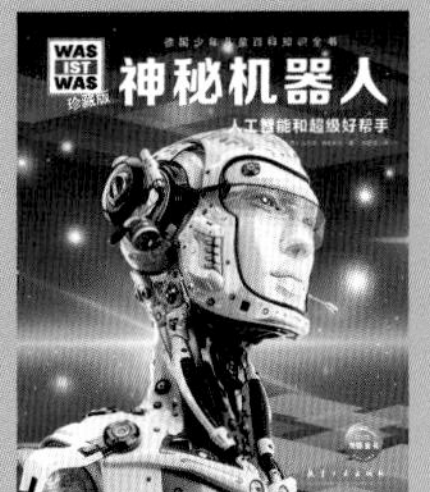

第一辑·全10册

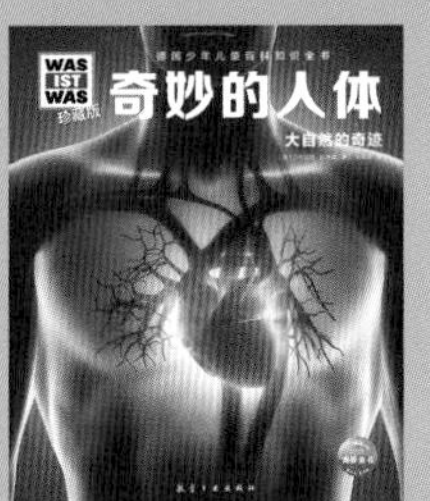

第二辑·全10册

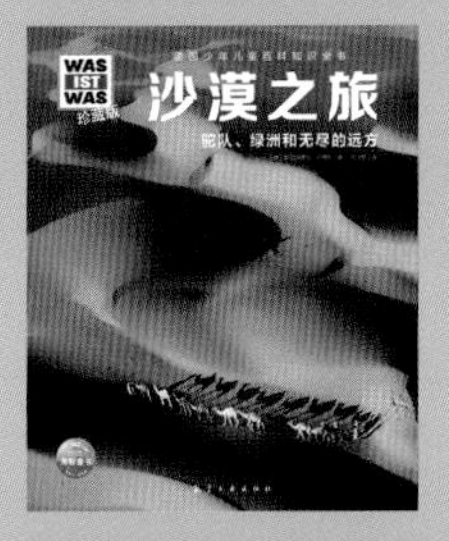

第三辑·全10册

第四辑·全10册

第五辑·全10册

第六辑·全10册

第七辑·全8册

WAS IST WAS

好奇

科学改变未来

忠诚的狗

四只爪子的英雄

[德] 克里斯廷·帕克斯曼 / 著　张依妮 / 译

航空工业出版社

方便区分出不同的主题！

真相大搜查

18

狗中明星！一起听听来自这些狗明星们的有趣故事！

14 我们的好朋友和好帮手

符号 ▶ 代表内容特别有趣！

8

不管是灰猎犬还是达尔马提亚犬：所有的狗都是狼的后代。

4 狗——长长的历史

你好！我叫弗里多林，我拥有一份非常放松的工作。想知道是什么吗？来第27页看我吧！

32

大约从第 8 周开始，小狗就可以吃固态的食物了。

30 把狗领回家

巴哥犬（又称“哈巴狗”）

体　长	可达 30 厘米
重　量	可达 8 千克
寿　命	15 年左右
原产地	中国
性　格	活泼、可爱、黏人

你知道吗？哈巴狗源自中国，早在 2000 多年前就成为了中国皇帝的宠物！

41

38 多种多样的狗

26

可以闻出线索的鼻子！一只狗究竟能在公园里获取哪些线索呢？继续往下看吧！

48 名词解释

重要名词解释！

一位英雄，一只狗，一个标志！

这就是我！

我常常听到你们人类用这样一句话来形容一个人生活贫困——“过着像狗一样的生活！”当然，有些狗确确实实不是“含着金饭盆”出生的，但是我的大多数小伙伴都过得非常好，有的更是深受人类喜爱，被照顾得好极了！偷偷说一句：我就是其中之一！不信的话就来看我吧，我邀请你们到瑞士伯尔尼的自然历史博物馆来，我在那里等你们哦！对了，你现在见到的我变得有些僵硬了，这是因为，从我出生到现在已经 180 多年了。你们一定要听我讲故事哟，故事里有我的英雄时代，也正是这些事情让我变得举世闻名。

请允许我自我介绍一下：
我叫巴利一世，是一只圣伯纳犬！

圣伯纳犬
1800 –1814
拯救了 40 条生命

能够拯救别人的生命，我感到非常自豪！

圣伯纳犬能够闻出雪崩的迹象，这一点非常重要。因为在圣伯纳德大山口，雪崩频频发生，次数多得就像海滩上的沙子一样。到今天为止，我和我的朋友们已经拯救了 2000 多条生命。有时候我们为搜救人员提供帮助，有时候我们也会亲自把遇险者从雪里拽出来。

我并不是这里唯一的圣伯纳搜救犬。在我之后，圣伯纳德大山口还有许许多多的巴利！

纪录 20 千克

背起 20 千克的重量——这对我们圣伯纳犬来说简直是小菜一碟！

我作为搜救犬的一生

在我生活的圣伯纳德大山口，天气条件非常恶劣，全年狂风呼啸，气温总在冰点徘徊。到了冬天，气温还会不断下降，降温这件事就像永远不会停下来一样。可见生活在海拔 2200 米以上的地方是多么艰难的事情。后来，大约在 1600 年的时候，一个在圣伯纳德大山口开旅馆的人想到了一个绝妙的主意："现在，是时候终结长年以来的孤独感了！我需要一个忠诚的伙伴。"说到这里我真的很伤心，因为我们圣伯纳犬生来深情而敏感，关于这一点，你可以完全相信我！我一生拯救了许多遭遇雪崩的人，偏偏到了自己最亲爱的主人遇险的时候，我却没能把他从大雪中救出来——我去得太迟了，留下了一生最大的遗憾！对了，关于挂在我脖子上的小酒桶，很多人说那是用来装威士忌，由我们带去给遇险者暖身的。实际上并不是这样，小酒桶起初是一个画家在他的作品中为圣伯纳犬系上的，只是为了让画面显得更有趣。他自己也不会想到，这个创意如今已经成了圣伯纳犬的标志。

圣伯纳犬还是搜救犬吗?

如今，监测预警系统已经可以让人们更好地了解雪崩发生的时间和地点。尽管如此，雪崩遇难事故仍然时常发生，不过这已经不需要我们圣伯纳犬出动了，如今的雪崩救援服务会配备直升机，这样遇险者就能在第一时间获救。而我们体型庞大，体重又重，尤其是对于直升机来说，我们 80 千克的体重真的太重了，所以带着我们也不实际。

我们是瑞士的国宝犬!

1884 年以来，圣伯纳犬就一直是瑞士的国宝犬，我以此为荣。人们还把我们称为"瑞士山区的英雄"！

从野狗到家犬

狗真的称得上是人类的“宠物”，因为狗和人类共同生活的时间比其他任何动物都长。至于人类和狗是从什么时候开始有了如此亲密的伙伴关系，我们可能永远无法知道了。究竟是第一批被驯服的狼成为了人类的伙伴，还是某种野狗最先成为人类的伙伴呢？这仍然是一个谜。

➡纪录

速度可达

65km/h

郊狼的奔跑速度非常快。不仅如此，它们还拥有非常强大的耐力。

群居生活

和人类一样，狼和狗也生活在自己的群体之中：在家族里把幼崽养大，照顾它们，和它们玩耍，告诉它们未来生活中什么是重要的，教会它们必要的生存技巧等。狼和狗的行为举止非常社会化，它们懂得和种群保持密切关系并相互学习，看上去是不是像极了我们人类的大家庭？

一个良好的团队

人类很快就认识到了这位新伙伴的巨大优势：狗不仅能帮我们狩猎，还能保护家畜。不但如此，它们还是活生生的“热水袋”——到了中世纪，狗进入房间内和主人一起睡觉。狗的适应性很强，它们很好地适应了人类生活，因而很快得到了人类的偏爱。如今，我们依然可以看出不同的狗有不同的习性和气质，这一点很重要，因为只有这样我们才会了解，为什么有些狗是这样的，而有些狗却是那样的，从而有针对性地培养它们良好的行为习惯，并保持健康的亲密关系。

郊狼通过嚎叫彼此通信，它们也能像狗一样吠叫。

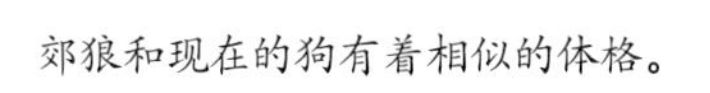

郊狼和现在的狗有着相似的体格。

专　注
和狗一样，郊狼的听力非常好。竖立的耳朵意味着：我现在很专心！
厚厚的皮毛
对郊狼来说，厚厚的皮毛是它们抵御北美严寒的最佳武器。
尖尖的鼻子
郊狼又长又尖的鼻子会让我们不由得联想到狗。
知识加油站
郊狼与灰狼、狗的亲缘关系非常近。
郊狼通常会和伴侣共同度过一生。

狗当然不是从天而降

丁格犬是一种野狗，也叫澳大利亚野犬。

耳朵松软的腊肠犬和巨型藏獒有什么共同之处呢？没错，它们都是狗！这并不是巧合，而是经历了一个长期发展的过程。所有种类的狗，无论它们有多么不同，都有着共同的祖先和共同的历史。

人类的第一个宠物

正如我们今天所了解的，狗有着十分悠久的历史，甚至可以追溯到15000年前！那时，人们已经有了固定的住所，最早的一批定居者开始和野狗、比较温驯的狼打交道。一开始，人们并不是很乐意让这些家伙分走自己仅有的食物，因此对它们不太热情。然而没过多久，人们就意识到了这些四条腿伙伴的优势：它们可以帮助人类打猎，可以守护家畜和村庄，而且忠诚可靠；不仅如此，它们还可以帮忙运送重物，牵引雪橇。由于拥有这样的适应能力，早期的狗深受人们喜爱，进而得以留在住所里。这种人类有意识地把野生动物慢慢驯养成为家畜的过程称为“驯化”，英文写作“Domestication”，源自拉丁语单词“domus”（家、房子的意思）。至此，狗成为最早被人类驯化的野生动物，而猫是在几千年后才被驯化的，羊、牛和猪被驯服的时间也很晚。

狗的祖先是什么动物？

我们今天已知的所有的狗，大到圣伯纳犬，小到吉娃娃犬都是由同一个祖先进化而来的——它就是狼！当然不是只有一只狼、一种狼，在地球上不同地区大约生活着30种不同的狼，它们的外貌有很大差别。例如在北美有一种体型庞大的狼，体重可达70千克，而且身披厚厚的皮毛。人们推测，这种狼可能是如今哈士奇犬的祖先。而对于身形苗条、奔跑速度极快的灰猎犬来说，它的祖先就要追溯到阿拉伯狼了。阿拉伯狼是一种体形较小的狼，体重只有20千克左右，是非常出色的短跑运动员！在奔跑这方面，灰猎犬和它的祖先阿拉伯狼都是天生的名将。

人们在西伯利亚的冻土中发现了这个保存完好的狗头骨，它已经有大约35000年的历史了。

因为有人生活的地方就有食物，早期的狗可能会主动接近人类。

狼

狼是所有狗的祖先。

胡狼主要生活在非洲和亚洲。

耳廓狐（也叫耳郭狐、沙漠小狐）是世界上最小的犬科动物之一，它们长着软长的淡黄色体毛，有利于在沙漠中伪装。

亚洲野狗在搜寻猎物。

赤狐是欧洲最常见的狐狸。

非洲野狗：用大耳朵调节体温。

狼的祖先是什么动物？

大约5000万年前，地球上生活着许多现代肉食猛兽的祖先。科学家认为犬类的祖先是生活在距今约2000万年前的一种“原始犬”，名为汤氏熊。它的后代就是现今各种各样的犬科动物：狼、狐狸、野狗等。

小型犬

事实上，那些长得毛茸茸、外形像毛绒玩具一样的尖嘴犬是非常古老的犬种。考古学家在博登湖一带发掘新石器时代遗址时，曾经发现了史前犬类的骸骨。引人注目的是，这具骸骨有着圆形的颅骨和锋利的牙齿——锋利的牙齿有利于啃食贝类，和现代的尖嘴犬很接近。科学家把这种动物命名为泥炭尖嘴犬（泥炭狗）。由此可见，尖嘴犬的历史可以追溯到3000多年前，而我们现在也可以通过骸骨得知，早期的狗是什么样子的。我们甚至可以推测，早期尖嘴犬长了一对垂下来的大大的耳朵，就像是两个纸袋一样。

吃贝壳，猎瞪羚

狗的“品种”是什么意思呢？提起贵宾犬、哈巴狗、腊肠犬、牧羊犬这些名字，你大概不会感到陌生。没错，这些都是狗的品种。“品种”这个词通常是指一个物种内拥有相似外貌及特征，并且后代也拥有这些特征的特定群体。现在全球大约有400个狗的品种登记在册。虽然狗的品种多，且品种名称各异，但是我们仍然可以从繁多的狗名称中发现一些奥秘，例如有的品种是直接以地点来命名的——美丽的大白狗马雷马牧羊犬就是来自意大利马雷马地区的一种牧羊犬。

狗的品种是怎么产生的呢？

通过和这些四条腿的伙伴们相处，人们逐

马雷马牧羊犬

这种大型牧羊犬已经有2000多年的历史了。

只要五秒钟，从 0 到 100!

亚洲的草原和荒漠还孕育出了另一个非常古老的犬种——灰猎犬。灰猎犬有着纤细的身躯、瘦长的四肢和细长的头，早在几千年前就帮人类狩猎羚羊。它们在捕猎时速度非常快，可以像风一样迅速穿越草原或荒漠去追捕瞪羚。如今，人类已经不再用它们打猎，但为了让它们的奔跑天赋有用武之地，人们会举办“灰猎犬赛跑”。

渐意识到狗在日常生活中发挥着十分重要的作用。例如有着出色嗅觉的短腿侦探猎犬，它们把鼻子贴近地面，不断嗅探，就能准确识别出猎物之前留下的血迹；例如非常古老的犬种达克斯猎犬——据说，早在 4000 多年前，埃及人就饲养了一种与现代达克斯猎犬（腊肠犬）非常相似的猎犬，人们自然很早就明白，狗对我们的生活有很大帮助，于是不断饲养并有意识地培育下一代；又如英勇强壮的獒犬，公元前 333 年，亚历山大大帝把獒犬当作武器带到了战场。獒犬的品种很多，拳师犬、藏獒、纽芬兰犬、莱昂贝格犬等都可以算作是獒犬的后代，它们体型庞大，有着宽大的下颌和厚重有力的头部，常常被用来猎熊。如今，马士提夫獒犬是全球最大的狗之一，体重可达 85 千克。

不可思议!

马士提夫獒犬曾经被用作战犬。但如今我们所熟悉的却是它们的安静、沉稳和温顺。马士提夫獒犬常常被用作治疗犬。

瑞典柯基犬

瑞典柯基犬原本生活在欧洲南部，由西哥特人饲养，后来是由维京人带到瑞典，继续饲养并让它们繁殖。因此柯基犬如今在瑞典有着广泛的分布。瑞典柯基犬在 8 世纪时主要由瑞典农场主饲养，最初用来放牧牛群。

狗的一生！

为了能够生存下来，狗的祖先们不得不费尽心思猎取食物，生活十分艰难。然而今时不同往日，现在狗已经成为人类家庭的一员，我们宠它们，爱它们，把它们当作宝贵的礼物。当然，对于人类而言，动物最重要的品质仍然是实用价值。因此，我们是抱着这样的目标（从一只狗身上发掘出尽可能多的优秀品质）进行繁殖培育的。比如说，一只捕鼠犬就要尽可能身材娇小，动作敏捷，像约克夏梗犬那样；一只牧羊犬就要尽可能温驯沉稳、聪明勇敢，既能在白天协助牧羊，又能在夜晚看家护院，还能在遇到危险时迅速逃脱。自 14 世纪以来，人们越来越看重狗的外貌，拥有美丽的外表是一件很吃香的事。到 17 世纪，“品种”这个概念才从阿拉伯世界传入欧洲。阿拉伯人用“ras”（起源、性别）来描述他们培育的纯种马。而直到 19 世纪中期，人们才开始有计划有目的地进行一些犬种培育，大多数狗的品种都形成于当时以及在那之后的几十年内。培育者们成立了俱乐部，举办了各项狗的赛事，规范了狗的繁殖培育，建立了品种登记册，将狗在繁殖过程中的父系、母系以及后代状况一一记录下来。

古老的犬种

如今我们更想要温和可爱的狗，这种状况和 2000 多年前大不相同——以前，富裕的古罗马人训练了黑色的摩罗刹獒犬来守卫住处，这是因为獒犬在黑夜中不容易被发觉；其他一些品种的獒犬甚至要上战场，变成一个个会咬人的武器；还有一些獒犬要去斗兽场，与角斗士进行搏斗。

从什么时候开始有了狩猎犬呢？

约公元前 400 年，古希腊历史学家色诺芬的部分历史学著作，特别是描述了狗的那些作品告诉我们，早在几千年前的古希腊时期，狗就已经是人类打猎的助手了。

自中世纪以来，贵族开始装饰自己的猎犬，用猎犬追猎随之进入了鼎盛时期，这种打猎形式也体现了宫廷生活的极度奢华。

谨防有狗！

古罗马的战犬显然不是可爱的狗，因此有些房门的门槛处会写上“Cave canem!”作为禁止入内的警示。这句拉丁语的意思是：谨防有狗！

在北极地区，人们很早就用雪橇犬来运送货物和打猎。

这种残酷的斗狗活动在当时是英国人民的一大盛事。

当时的贵族尽情为自己的猎犬作画。这对我们来说也是一件幸运的事！正因如此我们才能从画中了解，那个时候的狗是什么样子的。

什么是“狗的赤道”呢？

早在公元前 100 年，格陵兰岛和西伯利亚地区的居民就开始培育可以拉雪橇的狗了，现在被我们所熟知的西伯利亚雪橇犬和阿拉斯加雪橇犬就是在那时候出现的，它们非常适合这项工作。雪橇犬必须有足够持久的耐力和非常强健的体格，只有这样它们才能长时间在雪地里拉动雪橇，运输货物。不仅如此，人们还有意识地把它们培养成打猎的好帮手，它们甚至可以去猎捕熊和鹿。除此之外，雪橇犬还要有良好的合作精神和团队意识，只有这样才能在食物紧缺的情况下保证每一只狗都存有体力。如今，在格陵兰岛有一条“狗的赤道”，上文提到的那些身强体壮的雪橇犬就生活在这条“赤道”以北的地区，而这条“狗的赤道”以南的地区则是较为温驯的狗的家。值得注意的是，为了保持血统的纯正，格陵兰岛的法律明文规定，北极圈以北地区禁止外来犬种。

真的有斗狗吗？

13 世纪的英国产生了一种罕见的民众娱乐活动：狗斗牛。强壮的狗必须咬住公牛的鼻子并把它按倒在地。为此人们需要体格较小的狗来避开牛角的攻击。同时狗鼻子的位置应该靠后，这样才能保证在咬住公牛时还能呼吸顺畅，由此产生了英国斗牛犬。德国宫廷中还会举行狗追熊的表演。19 世纪，这种残忍的狗斗牛和狗追熊活动才被禁止。然而英国却开始流行另一种血腥的比赛方式：狗斗狗。现在我们可以回答上面的问题了：是的，斗狗曾经真的存在。而斗狗的后代得益于它们轻微拱起的嘴鼻，也拥有十分惊人的咬力。

捕鼠犬

约克夏梗犬最早是用来捕获老鼠及其他啮齿类小动物的猎犬。约克夏梗犬的被毛如真丝般顺滑，因此有“会动的宝石”之美誉！

坚强的性格，忠诚的品格

它的耳朵是像毛巾一样，还是像小风车？尾巴是卷曲的，还是像一条蛇？身体是纤细的，还是像一个圆桶？长着短短的脚，还是有巨大的爪子呢？狗虽然看上去多种多样，但是它们的身体构造却是一样的哦！狗的品种决定了狗的外貌：它们的身型有长有短，体格或纤细或壮实。这是因为狗的品种并不是偶然的产物，而是由人类根据不同目的精心培育出来，并经过狗的子孙后代的不断巩固才实现的。此外，狗的性格也有很大的不同，它们有的温和有耐心，有的容易仓皇紧张，有的极具攻击性，有的协调能力强，有的暴躁易怒，有的内敛安静……我们虽然可以通过训练来改变狗的性格，但起决定性作用的依然是狗的品种，这是它们与生俱来的身体密码。

牧羊犬训练有素，常常被用作搜救犬。

狗是我们最佳的玩伴！天气好的时候我们可以一起外出，尽情玩耍！

纪录

500万

越来越多的狗生活在人类家庭中。还有一些狗是非常出色的工作犬，无论是猎犬、搜救犬、导盲犬还是治疗犬，它们都在认真工作。

教育狗的正确方式应该是充满爱心，观察密切，态度良好，给予足够的陪伴和关怀，只有这样才能更好地培养狗的习惯。当然我们也不能忘记，无论是多么可爱、多么温和的狗，它们身上依然蕴藏着野性。所以无论狗的体型是巨大还是娇小，我们都要记得保持谨慎。

我了解你，你了解我！

我们对狗的身体构造了解越多，就越明白它们的行为意味着什么。我们能够做的最棒的事情就是密切观察它们：是什么声音把狗吓了一大跳？是什么东西让狗感到兴奋？狗又是在为什么事情开心呢？这是你了解狗的最佳方式，同时你也可以确定，狗很多时候和你有着一样的动作和意思：如果它注视着你，是因为它也想了解你。这样一来，我们就和狗建立了信任，而狗也就成了我们不可或缺的好帮手。

小小的身体 大大的科学

狗鼻子

人类有 500 万到 2000 万个嗅觉细胞，而狗的鼻黏膜上分布着大约 2.3 亿个嗅觉细胞。打个有意思的比方：如果说狗鼻子是用来体察世界的，那人类的鼻子可能只是用来打鼾的吧。

狗能闻到什么呢?

狗的嗅觉异常敏锐，鼻子是它们用来认识世界的重要工具：狗能够通过嗅探识别出对方的性别、年龄和气质。此外，狗还可以长时间跟踪一种气味，并且能把这种气味从混合气味中分辨出来。所以狗能够成为搜寻失踪者的高手，这一点也不意外。值得一提的是，狗甚至可以嗅到疾病。例如，训练有素的狗会在糖尿病患者的血糖出现问题时碰碰他们。如果是其他严重的疾病，狗也能在初期闻出来，因为人在生病时，身体的气味也会发生变化。我们尽量不要触碰那些狗闻过或者舔过的地方，因为狗通过气味来给同伴传递信息，那些都是它们给同伴留下的气味信号。狗一个一个地闻过这些地方，就像是在一页一页地看报纸。狗的尿液中有一种信息激素，其他狗闻一闻，就知道撒尿的那只狗的大小、性别、年龄和性情。为了占领地盘，公狗们会抬起一条腿，努力让自己尿得更高，这样气味就不容易被其他公狗的尿液掩盖。

狗眼中的世界是黑白的吗?

一直以来，人们都认为狗是色盲。但是现在你要知道：狗实际上具有色彩视觉，只是与人类有所不同而已。打个比方来说，狗对色彩的感知，就跟患有红绿色盲的人差不多。它们看不到红色，但能够分辨深浅不同的蓝、靛和紫色，能够看到部分黄色和绿色。狗对移动的物体具有特别的侦视能力，它们能在几秒内捕获飞速移动的物体所发出的信号。此外，狗的视角比人类开阔得多。

拥有 42 颗牙齿的狗当然比长着 32 颗牙齿的人类更擅长啃咬啦!

灵敏的听觉

狗耳朵的形状各式各样，有竖耳、有垂耳，有的耳朵像蝙蝠、有的像纽扣……狗可以感知频率很高的声音，包括那些人类无法听到的声音。

湿润的鼻镜

狗脸上唯一一处没有毛的地方就是狗的鼻镜，拥有冰凉而湿润的鼻镜是狗健康的表现。

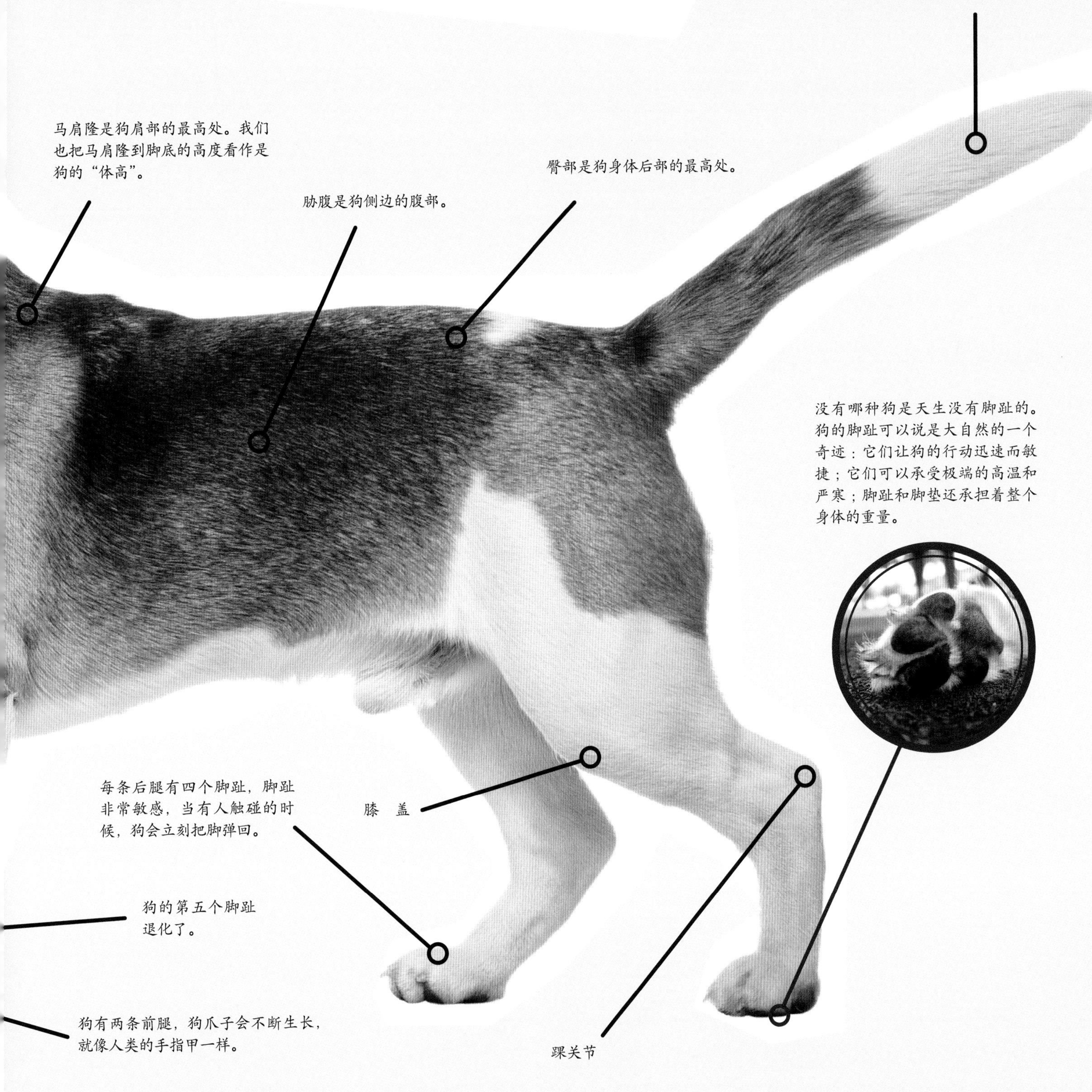

狗中明星

史普尼克
2号

莱卡

莱卡是一只苏联小狗，也是科学界的一位小英雄。1957 年，苏联发射了第二颗人造卫星——史普尼克 2 号。在这颗卫星上，就载着小狗莱卡。莱卡成为第一个进入太空舱的动物，而它也为这样一次伟大的行动付出了生命代价：由于太空舱内温度过高和过度惊吓，小狗只活了几个小时。

史努比

漫画家查尔斯·舒尔茨创造了一个经典的小狗形象，它洁白的毛发上有一个深黑色的小鼻子。这只小狗名叫史努比，它最喜欢的事情就是躺在狗屋的屋顶思考狗生。查尔斯·舒尔茨一生创作了 17000 多幅漫画，主要讲述了史努比的英雄故事和它有趣的朋友们。

最佳搭档雷克斯

热门警探剧《最佳搭档雷克斯》拍摄于奥地利，主要讲述了由三名警官组成的破案小组，和一条德国牧羊犬雷克斯的故事。雷克斯是一条警犬，能够帮助警官寻找尸体，嗅探毒品、爆炸物和走私品等。香肠卷是雷克斯最爱吃的食物，每次工作完它都迫不及待想要一个香肠卷！如今，全球 150 个国家的人们都可以在电视上看到雷克斯的英雄故事！

莱 西

《灵犬莱西》是一部全世界家喻户晓的儿童读本，讲述了一条与人一样聪明的牧羊犬莱西传奇般的归家之旅。莱西的冒险经历，先后被拍成多部电影、电视剧及广播剧，而牧羊犬莱西也自然而然成为深受人们喜爱的狗明星。

诺 曼

诺曼简直是一个全才！诺曼生活在美国，是一只热爱冒险、活泼机灵、身怀绝技的狗！它并不满足于那些我们常见的、一般狗都在做的表演，而是能够像人类一样开关门，在门口的地垫上擦自己的爪子。最令人惊讶的是——诺曼的爱好竟然是玩滑板、轮滑和骑自行车！

超级无敌掌门狗

《超级无敌掌门狗》是英国广播公司发行的一部黏土动画片，影片讲的是超爱干酪的华莱士和他忠诚的小狗格罗米特的故事。格罗米特是一只非常聪明的狗，一次次帮助主人华莱士解决困难，走出困境——而这也是每一只狗最大的愿望吧！

嘿，像小狗一样说话哦！

人们常说“不要叫醒睡梦中的狗”，因为经常发生熟睡的狗被叫醒后咬人的事情，即使这时的狗不咬人，它也会在短时间内迷迷糊糊找不到方向，直到完全清醒过来。这个实例也告诉我们一个道理，了解狗的行为是多么重要！只有这样才能避免产生误会。

为什么狗会摇尾巴？

狗摇尾巴也是一种“语言信号”，通常表示一种友好的态度，摇动尾巴的频率以及尾巴与身体构成的姿态体现了狗的兴奋程度。如果你的狗在见到你时，连身体也摇摆起来，这说明狗非常喜欢你，它开心到了极点。

为什么狗会夹尾巴？

狗的尾巴灵活多变，而且不同的尾巴状态也表达着不同的信息。有时候狗会高举着尾巴，不停地左右晃动；有时候又会平静地耷拉着尾巴；有时候狗还会夹着尾巴。那你知道狗夹着尾巴是怎么回事吗？其中有什么原因呢？首先如果狗把尾巴垂下并紧紧地夹在后腿中间，那么这只狗就可以有效阻断从它肛门区散发出来的气味信号，用来保护自己不被敌人发现。此外，夹着尾巴让气味不散出来——这件事对狗来说就像人感到自卑时不愿露脸一样。当然在感到疼痛的时候它们也会夹住尾巴，这时夹尾巴可能是生病的前兆。

身体匍匐

狗将身体低伏，并尽量压低，可不一定是发现什么宝贝了，这通常可能表示两个意思：第一个是面对比它强大的人或同类时表示屈从

竖起耳朵

狗竖起耳朵代表它在专注地听声音。当然如果你的狗在竖起耳朵的同时还冲着你歪脑袋，那么它一定是高兴过头了，几乎都要跳起来啦！

“我们一起玩吧！”

当你的狗俯下身体，翘起屁股，尾巴一个劲儿摇动的时候，它是在对你说：“我们一起来玩吧！”如果你表情严肃，它会用特别友善的方式表达，以期引起你的注意，调动你的情绪。所以，请尽量接受它的邀请吧！最好是可以去草地上玩球、玩飞盘或者磨牙棒，当然在公寓里玩一会儿捉迷藏也是很好的选择，期间还可以加强“指令训练”，让游戏也变得有意义哦！

喘　息

和我们人类不同，狗是没有汗腺的（除了足趾处之外）。因此狗不能及时排汗散热，它们通过喘息来散发身体多余的热量。它们张开嘴部，伸出舌头，迅速地吸入凉爽的空气，同时呼出热空气。这种散热的方法非常容易导致口干舌燥，体内缺水，所以狗必须始终有新鲜的饮用水。因此把狗留在封闭的汽车内是十分危险的，高温和缺水对狗来说非常致命。如果你发现你的狗有脚汗该怎么办呢？其实完全不用担心，你只需要用毛巾给它们擦干就好。狗当然是不需要除汗剂的！

与敬畏，第二个是捕猎前的准备。如果狗在表示屈从，你应当表现出领导者的架势，以起到震慑的作用。如果狗是准备捕食，只要捕食对象不是活物那就不要打扰它，静静地坐在一旁，看狗尽情发挥自己的本领。但要注意，随时做好喊停的准备，以免狗玩到得意忘形，做出过分的行为。

狗会笑吗?

当然会啦！狗把嘴微微张开，露出搭在牙齿上的舌头，这是多么甜美的笑容！而且有的狗发现人类喜欢它们这样笑，所以还会经常做出这样的表情，来讨我们欢心。

这个可爱的家伙在等什么呢？
它的姿势暴露了它极大的好奇心。

僵直的尾巴

狗尾巴僵直不动，说明它们极度紧张！当狗进入一个新环境时会感到紧张，这种情况有两个可能性：要么是狗对这个陌生环境充满了好奇，要么是狗在嗅探之后依然不能获得有用的信息。至于具体是哪一种情况让狗紧张害怕，就需要依靠我们平时和狗相处过程中积累的经验了。

从工作犬到“超模狗”

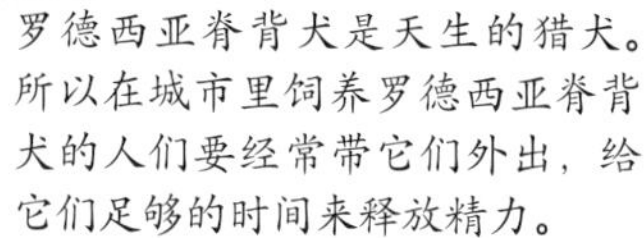

罗德西亚脊背犬是天生的猎犬。所以在城市里饲养罗德西亚脊背犬的人们要经常带它们外出，给它们足够的时间来释放精力。

今天的我们无法想象，在 200 多年前狗是被当成家畜饲养的！直到 19 世纪初期，狗的生活才发生了巨大的转变，狗从家畜变成了家庭成员的一分子，也成为了深受人类喜爱的宠物。同时我们也越来越关注狗的外貌，希望能够按照自己的意愿设计出特定体型和特定毛色的狗，于是便出现了许多新品种的狗。当然，狗的性格特点也是非常重要的一个因素。

水手英雄——时刻工作着

如果有一只纽芬兰犬一跃跳进某个池塘，你们大可不必感到惊讶。寻回欲和喜水性是纽芬兰犬的标志性特征，再加上它们体型巨大，并且非常聪明，所以成为了人类的好朋友、好帮手。纽芬兰犬一般被用来拖拉渔网，牵引小船靠岸，救援落水的遇难者；也被用来拖拉木料，递送牛奶和驮运货物。纽芬兰犬从过去到现在都是非常优秀的水上救援犬！值得一提的是，纽芬兰犬的脚非常强壮，而且有蹼，这也是它们成为游泳健将不可缺少的要素。

公园里的捕狮能手？

今天，我们可以在大城市的公园里看到许多所谓的杂交狗，罗德西亚背脊犬就是其中之一。罗德西亚背脊犬起源于南非而非罗德西亚（后改名为津巴布韦），是欧洲寻血猎犬、獒犬及各种梗犬和南非当地野生猎犬混合配种形成的。不得不说的是，罗德西亚背脊犬擅长狩猎，甚至可以捕狮！因此又名“猎狮犬”。背脊是罗德西亚背脊犬最显著的特征：沿着背脊长着短刀状的毛，和其他部位的毛方向相反，呈逆向生长。想象一下，如果你在公园里看到了一只猎狮犬会是怎样的情形？所以，每一个饲养罗德西亚背脊犬的主人都必须清楚它们的脾性。

陛下您好！

哈巴狗、比格犬、马耳他犬最早是服务于宫廷贵族的陪伴犬、玩具犬。哈巴狗源自亚洲，它们曾经住在皇家宫殿里陪伴王室贵族。

小心！恶犬？

我们认为斗牛犬、斗牛梗、斯塔福郡斗牛梗等犬种是具备一定攻击力的格斗犬、烈性犬，所以这些狗必须要经过专业的训练，同样关键的是要为它们办理好狗证。当然，尽管是格斗犬，但这并不意味着它们会无缘无故攻击别人。

不同品种的狗和它们的培育者

造型优雅美丽的西施犬

➜你知道吗?

卷毛犬水性非常好，曾是人类捕猎水鸟的好帮手。为了让它们能更好地游泳，我们为它们修剪了毛发：把身上的大部分被毛剪掉，只留着头部和四条腿上的毛，用来保暖。

为了满足越来越多爱狗人士的愿望，从1875年开始全球成立了许多育狗协会和俱乐部，建立了种畜登记册，规范了狗的繁殖和培育。

最美的狗

英国人查尔斯·克鲁夫特是一位成功的狗饼干制造商。为了增加企业营业额，1878年，他在巴黎举办了一场狗展。而今天，以他名字命名的“克鲁夫特狗展”是全世界规模最大的狗展。在狗展上，每个品种的狗之中都将有一只脱颖而出，成为该品种“最美的狗”并得到奖章。这项荣誉对于狗主人来说也是莫大的骄傲。育狗俱乐部为比赛设定了十分细致的规则，来规范评分标准，同时也能保证同一品种的狗既彼此相像，又有可比性。

犬种规范

世界犬业联盟（FCI）的职责之一是认定犬种标准。目前FCI承认了世界上337个犬类品种，并将其认可的所有纯种犬分为10个组别，其中每个组别又按产地和用途划分出不同的类别。

第一组：牧羊犬和牧牛犬组
第二组：宾莎犬和雪纳瑞长犬、獒犬、瑞士山地犬和瑞士牧牛犬组
第三组：梗犬组
第四组：猎獾犬（腊肠犬）组
第五组：尖嘴犬和原始犬种组
第六组：嗅觉猎犬和相关犬种组
第七组：短毛大猎犬组
第八组：寻猎犬、搜寻犬、水猎犬组
第九组：伴侣犬和玩具犬组
第十组：灵缇犬组

知识加油站

▶ 弗里德里希·路易斯·杜伯曼（1834—1894）是一名普通的夜班执勤人员、税务员，更是培育出杜宾犬的关键人物！

绵羊犬，无毛犬，看毛识狗

工作犬是指从事各项工作以协助人类的狗，与展览犬以外表作为评选标准相比，工作犬重视犬种原本发展的功能性，例如猎獾的达克斯猎犬、猎啮齿类小动物的猴头梗、猎狼的爱尔兰猎狼犬、猎兔子的巴塞特·格里芬·旺代猎犬等。历史发展到今天，工作犬的角色范围更广：它们不仅是警卫守护犬，用于保护主人的生命和财产，还可以成为军犬、警犬、导盲犬、缉毒犬、搜爆犬、雪橇犬、漏气探测犬和落水、火灾、失踪救护犬，它们是人们的好朋友、好帮手。但是这并不意味着工作犬在现代生活中所占比重越来越大，事实上我们更多地把它们当作家庭犬。有趣的是，虽然有些狗的技能已经不再被我们需要，我们仍然能够从它们的外形特征，比如皮毛中看出它们擅长的工作领域是什么！

看毛识狗！

法国比利牛斯山犬、匈牙利库瓦兹犬和匈牙利牧羊犬有什么共同之处呢？答案就是——它们都是牧羊犬，而且它们都拥有雪白的被毛，又厚又多。

纯属巧合吗？当然不是！这三个品种都来自羊群很多的地区，而羊群和牧人最大的敌人

西班牙猎犬：可以帮助猎人把猎物从隐蔽处赶出来的猎犬品种。

伪装完毕！你能找出来狗藏在哪里吗？

匈牙利维斯拉犬的名字
可并不好记哦!

有趣的事实

前方高能——绕口令!

高加索犬的俄罗斯名字(Кавказская овчарка)特别难读,简直就像是一段绕口令!来自俄罗斯的高加索犬是极其出色的牧羊犬,甚至在幼年时期就可以牧羊了!

墨西哥名犬佐罗兹英特利犬是一种无毛犬!

拉坎诺斯犬来自荷兰拉肯城堡,是比利时牧羊犬的一种。拉肯是一个美丽富饶的地方,充足的阳光是拉坎诺斯犬毛发的天然养料。

就是狼。狼最喜欢在黎明时捕猎,牧人为了避免把狼和狗搞混,就把狗的毛色变成和羊一样的颜色。这种方法非常有效,牧羊犬可以很好地潜伏在羊群中保护羊,牧人也可以一眼认出攻击羊群的狼。

你知道吗?

冠毛犬的皮肤比其他品种要更厚、更结实,所以它们更耐冻。

毛茸茸的绵羊犬和墨西哥无毛犬

北美印第安人偏爱被毛又长、又多、又蓬松,看上去像绵羊一样的狗,他们把这种狗统称为"绵羊犬"。在别的国家和地区,也有一些长相有趣的长毛犬,例如伯瑞犬,它们的毛发浓密且长,尤其是额头前面的毛发长到要遮住眼睛了——这相当于一个实用的"保护面罩",能够避免在风沙大的地区受伤。不过一到夏天,人们就会给伯瑞犬修剪毛发,剪下来的毛发还可以做成毛毡哦!我们穿的一些大衣的衣领和内衬也是用伯瑞犬的毛制成的。

通常情况下,我们都会认为狗毛越长越多,狗就越怕热。墨西哥无毛犬就是一个反例!正是因为没有被毛,所以无毛犬的皮肤比较敏感,容易被强烈的阳光伤害。需要注意的是,墨西哥无毛犬并不是一出生就没有被毛,而是出生几周后才完全褪去的。

英国古代牧羊犬和墨西哥无毛犬:外形截然不同的两种狗……

在现代，狗可以从事哪些职业呢？

训练有素的导盲犬还可以帮助自己的主人乘坐火车。它们会为主人指明车门的位置，并寻找到一个空闲的座位。

训练有素的工作犬已经成为我们日常生活中不可缺少的好帮手。工作犬需要经过长期的专业训练才能真正上岗工作，这必然要花费大量的财力。所以大部分狗是由志愿者义务培训的，而有的狗简直是天生的工作犬！最被人熟知的“四脚帮手”非导盲犬莫属了。导盲犬和主人生活在一起，全天陪伴他们，帮助他们行走，便利他们的生活……导盲犬成为盲人一生中最好的伴侣，给了他们最大的安全感。值得一提的是，有些导盲犬还可以从超市货架上取下商品！

工作犬在工作岗位的时候必须身穿制服，例如由国家受训的海关警犬。海关警犬的主要稽查领域是毒品和假币：它们敏锐的鼻子绝不放过任何一个走私的物品。和它们一样嗅觉灵敏的还有寻回犬。寻回犬是杰出的“搜救帮手”，它们只要闻一闻衣物的一小块就可以成功找到失踪者！当然，拥有这种“寻回”天赋的工作犬还常常被派到警局，协助警察完成工作。“追踪”是训练工作犬的一个项目，现在许多犬类培训学校都会设置这样的课程。狗喜欢去完成这样的“寻回任务”。

海关稽查犬是可靠的得力助手。

来公园散步停不下来的狗鼻子！

1 树皮下藏了一只甲壳虫！

2 哦！今天早晨达尔马提亚犬奥斯卡来过这里。

3 哈巴狗奥托刚刚来过这里！

4 让我再仔细闻闻：啊！昨天这里有一块奶酪面包！

在教室里的狗

我是一只
安慰犬，
我爱我的工作！

你是谁？你在干什么呢？

我是著名的学校安慰犬！我叫弗里多林，你们也可以叫我弗里多，这是3b班。我的工作地点通常是小学学校，我会坐在教室的角落里。

你今天做了些什么呢？

今天在数学课上，我发现坐在前排的一个小女孩非常愁苦，于是我立刻跑到她身边。过了没多久，这个小女孩就开心起来了。我真的好高兴！心里充满了成就感。

你经常遇到这样的事吗？

不经常。而且事实上我并不会打扰课堂纪律。对了，我还发现小朋友们很喜欢抚摸我，我也很享受这个过程哦。

你有许多同事吗？

有一些吧。我觉得可能还会越来越多。“我认为每个教室都应该有一只安慰犬！”如果有人问我的话我就会这样回答。当然，也没有人问我。

你有偶像吗？

当然有啦！我最崇拜的就是《森林王子》里的巴鲁。“要让别人感到舒适哦！”这是他经常挂在嘴边的话，更是我在课堂上胜任工作的秘诀。

安慰犬可以帮助人们放松并安静下来，让他们汲取新的能量。仅仅是出现一下，就已经给教室里的孩子带来了好心情。

闪开！我们来了！

搜救犬也穿上了救生衣！借助浮力可以减少体力和耐力的消耗；救生衣还有御寒的作用；搜救犬穿上救生衣后，被救人员也能更好地抓紧它。

当红十字会等慈善机构前往世界各地参与救灾行动时，我们会发现警犬总是如影随形。在发生地震、雪崩等灾害后，训练有素的搜救犬可以嗅探出废墟、瓦砾堆、泥石流或大雪中的生命体征，一旦发现有人的信号就向搜救人员发出警报。一些搜救犬甚至可以攀岩走壁，去到许多人类无法进入的空间。而且搜救犬的鼻子异常灵敏，通过嗅探可以得到大量信息，拯救更多的遇险者。因此它们可以称得上是真正的搜救英雄！

狗鼻子就像一台精密的仪器

你可以把狗鼻子的内部构造想象成一块桌布，一块被折叠了多次变得极小的桌布。事实上，如果我们能把狗的鼻黏膜展开的话，它的表面积比整只狗的身体表面还要大很多。正是因为狗的鼻黏膜嗅觉表面如此之大，它们才拥有了出色的嗅觉。此外，狗鼻子内部还有许多细小的毛发，它们能够保证气味停留更长时间。当然，狗鼻子如此灵敏，鼻镜也是功不可没：湿润的鼻镜可以确保气味不会消散。为了能够准确分辨那些混合的气味，狗的呼吸会变得极慢。狗能分辨的气味是我们人类的10万倍！即使是浓烟下，狗鼻子也能过滤并识别其中的气味。

什么是最棘手的工作？

战争结束了，战争所带来的巨大痛苦不会结束。其中遗留在世界各地的大型雷区，就是战争留给我们最危险的东西。因为数十年后，那些隐藏的地雷可能会在有人踏上它们时爆炸。为了解决这个问题，人们用了很长时间来研究，渴望制造出一个带有人工“狗鼻”的探测器，让这些非生命体在高危地区工作。可惜的是，这种人工设备的准确率并不高。于是人们想到了嗅觉极佳的狗。经过专门训练的狗可以在较远处探测地雷，这样狗和主人都可以保持一个安全距离。当狗找到地雷所在地之后，专家就可以用设备拆除地雷了。

体型中等、体重不要过重、健康、服从性强、热爱工作，满足这些条件就可以成为一只理想的搜救犬了！当然，如果它活泼好动、寻回欲望强，也是大大的加分项！尤其是对牧羊犬来说，这些品质让它们变得不可替代。

巴甫洛夫的狗

20 世纪初期，俄罗斯著名的医学家巴甫洛夫用狗做了这样一个实验：每次给狗送食物之前打开红灯、响起铃声。这样经过一段时间以后，铃声一响或红灯一亮，狗就开始分泌唾液——即使没有食物。我们把这种现象称为狗的“经典条件反射”。在现代，我们完全可以利用这一点对其进行培训。例如，我们可以对狗进行响片训练：响片是一个按下就会发出声音的小东西，当狗做出你想要的动作时，按响片发出声音，然后奖励狗，让它明白响片发出声音后会得到好处，之后还可以加上口令，狗听到后执行动作。这种方法不仅有效，而且有趣！

知识加油站

- 救援犬必须具有坚强的品格，不能被压力、饥饿、极端温度等因素打败。
- 每只狗都可以成为搜救犬，其中最合适的品种有金毛寻回犬、拉布拉多犬和边境牧羊犬。

即使在大雪最深处，狗也是你可靠的救星！

如果有人在地震或雪崩中被埋，狗会通过吠叫或抓挠向其人类伙伴指示受害者的位置。

你最好的新朋友

你想养一只狗吗？你的所有家庭成员都愿意接受它吗？如果是，那么你要买一只什么样的狗呢？什么样的狗适合你呢？

这只小杰克罗素梗犬怎么样？

哪种狗适合我们？

你愿意为它花费大量的时间和精力吗？你愿意常常带它外出溜达吗？你愿意照顾它，护理它吗？你的房间中有足够的空间供它玩耍吗？如果是租房的话，房东允许在家中养狗吗？当你们全家出门旅游的时候，谁来照顾它呢？在弄清楚这些问题之后，需要考虑的就是：哪种狗适合我们呢？幼犬还是成年犬？两种都有各自的优势与劣势。

幼犬活泼好动、精力旺盛，所以照顾起来比较辛苦。成年犬相对安静，但可能多病，也需要主人更多的关怀。你想要一只品种狗还是杂交狗？对于没有经验的主人来说，我们建议选择有耐心、容易训练的品种，例如中小型的杂交犬、金毛寻回犬、拉布多拉犬、卷毛犬或者西班牙猎犬等。这些品种的狗还很少或者不掉毛，适合过敏体质的人。当然，狗的体型大小也是一个要考虑的因素。因为只有体重轻的小型犬才可以装进航空箱，被带上客机。它们有的热爱运动，有的温柔可爱，有的活泼热情，每一个家庭都可以找到适合自己的狗。最重要的一点是：我们要牢记领回家的是一个生命，是一种有特殊需求和感受的生物，是一位我们必须照顾一生的伙伴。

我活泼好动，勇敢大胆！你也是吗？那我们会是最合拍的伙伴。

当你的狗想要安静休息的时候，你可以轻轻挠它的头。会有意想不到的惊喜哦！

超可爱的小狗!

雌狗大约在 6 个月的时候性发育成熟，但最好等年纪更大一点的时候再怀孕。狗的孕期大约有 65 天，每胎最多可以有 12 只幼崽。

幼犬的成长

新生的幼犬看不见光，因为它们的眼睛仍然紧闭着。虽然它们刚出生就已经会发出“吱吱”的叫声，但它们听不到任何声音。它们趴在地上缓缓蠕动，摇晃着脑袋寻找妈妈。在触觉的帮助下，它们会找到妈妈的乳头。狗妈妈把小狗照顾得非常好！如果小狗迷路了，狗妈妈会用牙齿咬住小狗的脖子，把它叼回去。大约 12 天之后，幼犬会睁开眼睛，不过到 21 天后它们才能看清楚这个世界。随着视觉的不断增强，它们的听觉也在逐渐发育。第 4 周是幼犬成长的重要阶段，它们会向狗妈妈学习各种姿势和表情，学习喘息和摇尾巴。从这个时候开始，它们会互相打闹，慢慢习惯自己的同类和人类：幼犬要学会适应人类的抚摸和照顾。5 周以后，如果小狗还要吃奶，狗妈妈就会变得暴躁，断奶阶段就从这个时候开始了。幼犬出生后 8 周就可以吃固体狗粮了，也可以送到某一户人家去抚养。

我们的小狗到家了!

是时候挑选一只自己喜欢的小狗并把它领回家了！当然，如果你在之前的拜访中就已经拿了一条毛巾给它就最好不过了！如果它熟悉你的

刚出生的幼崽非常弱小，一定要注意保暖

气味，那么回家路上的这段时间就会比较安静。刚进家门的时候，小狗会非常激动，对一切陌生的事物充满了好奇。它会在家里跑来跑去，“视察”自己的新领地！

千万不要打扰它。对了，小狗需要大量的睡眠时间，如果你的小狗总是在睡觉也不必担心。它很快就长大了，到时候会变得活力满满、活泼好动。

幼犬需要什么呢?

一个始终装满新鲜水的水盆、一个饭盆和一条牵引绳是养狗的基本条件。除此之外，你还可以准备一个小的纸箱子或者一个爬架，这样小狗可以在里面尽情玩耍、磨爪。如果还能有一个狗窝就再好不过了！这样当小狗想要好好休息的时候就可以去窝里了。或许你还记得之前接它回家时用的毛巾，此刻那块毛巾又可以派上用场了，你可以把毛巾垫在狗窝里。不得不提的是，在小狗吃饭和睡觉的时候，你

时间、金钱和耐心

饲养一只狗需要花费大量的金钱。狗的品种越纯，价格越高。除了购买狗所花的钱之外，以后每个月的开销多少就取决于狗的体型和年纪大小。一般来说，狗的体型越大就吃得越多，那么购买狗粮所需的费用也就越高。养狗必要的花费还有税费（部分国家和地区）、保险、护理费用和兽医费用，当然不要忘记可以给狗带来欢乐的狗玩具和狗零食。“狗生真正的美满，其实是陪伴和关爱”——你需要给狗足够的关注，花时间带它出去散步，和它一起玩耍。在教育狗的时候，一定要有耐心！全家统一标准：狗可以做什么，不可以做什么。每个家庭成员都要遵守这个标准，并且采用同样的奖惩措施。谁都不可以偷偷给它加餐哦！

幼犬只有两个需求：吃和睡。如果它没有在吃也没有在睡，那它就是想要你陪它玩，抚摸它！

刚出生的达尔马提亚犬浑身雪白，1到2周后才会出现第一个斑点。

大约在第4周后，幼犬就能学会不随地大小便了。

一天要遛五次狗！

狗非常喜欢外出溜达、玩耍，狗越大，需要遛的时间就越长。无论晴天还是雨天，无论白天还是黑夜，狗对外出玩耍的需求始终是旺盛的，所以在你把一只狗买回家之前，就应该考虑这个问题。令人烦恼的事还有，小狗在几周之后才能学会不在家里随地大小便。所以你要时刻准备着，一旦发现它在家里蹭来蹭去，或者不满意地哼哼唧唧，就要带它出去。

12 点：喂食时间!

在教育小狗的过程中，我们给它喂食的方式会让它养成一辈子的进食习惯。所以每天在相同时间喂食是非常重要的。当然这也不意味着一顿饭没有按规律来就是灾难性的错误，狗也不会立刻没了食欲。你一定也会发现这个现象：一到饭点，狗总是能准时坐在饭盆前。太神奇了，这不禁让人怀疑，狗是不是能看得懂钟表! 那么狗需要什么食物呢? 是吃罐头，还是干的狗粮? 是吃鱼，还是伴着蔬菜和麦片的鸡肉呢? 这就需要看狗自己的喜好和主人有没有时间自制狗粮，以及有多少钱买狗粮了。生物合理性饮食是如今比较流行的喂养方式之一，简单来讲就是带骨生肉加上蔬果及其他自然未加工的食物。需要大家注意的是，狗也可能患有乳糖不耐或者谷物过敏的病症。对于这些狗，我们就需要制作一份去掉某些成分的“特定狗粮”了。同样地，不同年龄段的狗需要的食物也不一样，尤其是幼犬和老年犬。因为小狗需要“精饲料”来促进骨骼发育，而年老的狗最好吃一些清淡的食物。至于零食，建议谨慎使用，最好只在训练狗的时候投喂。

必须每天出去遛狗！但是由于狗吃完饭后才刚刚进入休息状态，所以饭后不要让它立刻外出。

狗和人的年龄对照

狗	1	2	3	4	5	6	7	8	9	10	11	12	13	14
人	14	21	26	31	36	41	46	51	56	61	66	71	77	81

从这个对照图中大致可以看出来，狗比人衰老得快。

狗要清理牙齿吗?

答案是肯定的，狗也应该清理牙齿。当然，狗不可能自己用爪子拿着牙刷刷牙，这就需要作为主人的你来帮它完成了！现在有专门为狗生产的牙膏，这种牙膏不会产生泡沫，味道很好，容易被狗的胃接受，最重要的是它可以很好地清除牙垢，保护牙齿健康。如果你的狗突然变得爱舔嘴巴，甚至喜欢打自己的嘴巴，或者变得常常摇头，并且用爪子抓嘴唇，又或者脸部肿胀……出现这些情况时，一定要赶快去找兽医。骨头受伤和牙龈化脓对狗来说是一种摧残，而它不会说话，没有办法告诉你它哪里痛或者怎么生病了，所以一定要留心观察，时刻注意狗有没有异常。可以肯定的一点是，如果你的狗不再进食了，那它一定生病了，这时要赶快去看兽医。

又美味又有益：洁牙棒有利于牙齿健康。

什么时候必须去看兽医?

狗越早习惯被陌生人抓住嘴巴、按压肚子、检查爪子，就越能在兽医检查的时候表现得平静。因为即使是健康的狗，也少不了要去宠物医院——接种疫苗、驱虫、牙龈护理。我们也可以从狗的行为中判断出它是不是生病了，例如狗很少高兴地摇尾巴了、眼睛黯淡无神、鼻子干燥皲裂，或者甚至拖着腿走路、疯狂嚎叫等。这时候你就要赶紧和兽医预约。当一些狗感到疼痛的时候，它们也会变得爱咬人，因此我们还需要在家里准备一个狗嘴套。现在，德国许多大城市都有宠物救护车，如果狗不能立刻就医，可以让兽医来家里诊治。

绝对不可以!

高温天气绝对不可以把狗单独留在汽车里。汽车内部升温极快，狗会因为温度过高而窒息。此外，如果夏天带狗爬山或者长时间散步，最好随身携带一瓶水和一个小盘子，这样狗就不会因为缺水而身体不适了。

有趣的事实

美食家!

几乎所有狗都喜欢奶酪！这并不是一件坏事，相反，奶酪不仅提供丰富的钙，还可以保护狗的胃。

皮肤和毛发

狗的外表千差万别，狗的美容洗护自然也各不相同。梳毛可以算是主人和狗之间一个美丽的仪式，是一种加深彼此感情的方式。修剪毛发最好还是交给宠物美容师，因为狗身上有些地方比较敏感，例如鼻子。美容师用剪刀把毛剪短，然后再用剃毛刀剃掉身上的被毛，并把毛打薄。洗澡也是狗护理的一部分。在大多数情况下只需用温水冲淋，因为肥皂会破坏狗皮肤和毛发上的保护性油脂。需要注意的是，别忘记给狗驱虫！

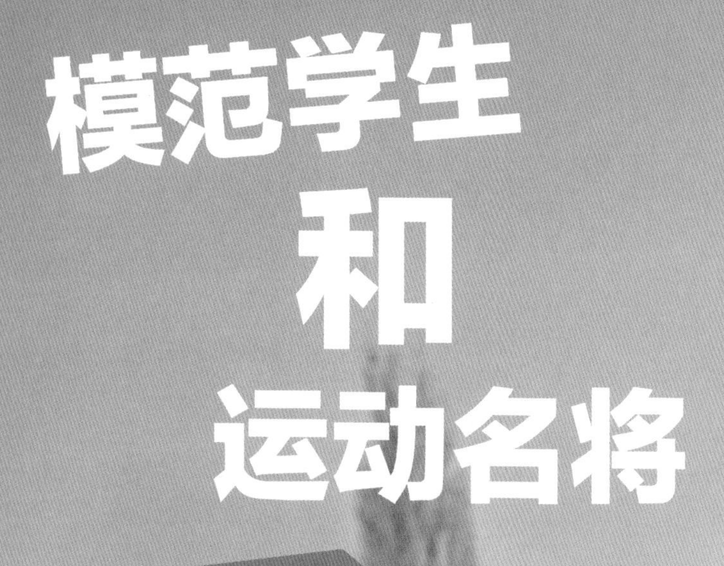

模范学生和运动名将

纪录

大约
5000 次

想让狗完全听懂“坐”“过来”“吐出来”这样的指令，我们大约需要重复 5000 次。

这只狗健康活泼，精力非常充沛。如果它能拥有一位同样积极外向的主人，那简直太棒了！

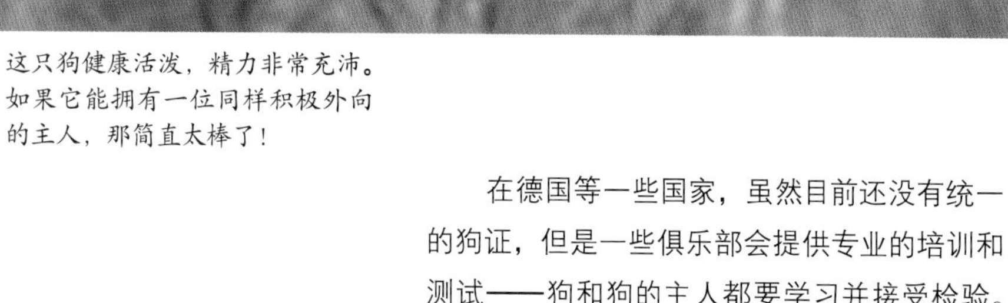

在德国等一些国家，虽然目前还没有统一的狗证，但是一些俱乐部会提供专业的培训和测试——狗和狗的主人都要学习并接受检验。这么做是很有意义的，因为但凡共同生活，就一定存在规范和准则，而小狗就需要通过学习来规范自己的行为。

如何正确教育狗?

小狗长到 3 个月大时，我们就可以开始教育它了——这个时候通常也是小狗刚接触到主人的时候。在教育过程中，暴力永远是不可取的。相反，只要狗表现好，我们就爱抚它、表扬它、奖励它。通过不断重复，狗就会渐渐明白这套“奖励体系”。当然也有“因狗而异”的情况，可能有些狗学习能力比较弱，完全理解这些行为要花比较长的时间。

谁才是领导者?

狗的等级秩序非常严格，它们只服从群体中的领导者。这时候，对养狗的人来说就会出

锻炼和考量的是驯犬手在平时训练犬只和赛场指导犬只时，使犬只表现出下列特质的水平：跳跃能力、攀爬能力、身体柔软性、体力、自信心、反应和速度、与人配合的默契等。

每只狗都不同

有一些品种的狗，例如金毛寻回犬、拉布拉多犬、贵宾犬、西班牙猎犬等，生性热爱寻回猎物；有一些品种的狗活泼“暴力”，例如，达克斯猎犬就是一个实实在在的“小流氓”，连狐狸和野猪它都毫不畏惧；还有一些品种的狗则充满了服从欲，例如边境牧羊犬、澳大利亚卡尔比犬或者德国牧羊犬等，它们总是渴望工作！如果没有工作任务，它们很快就会觉得无聊。这些牧羊犬简直就是狗中模范生！

通过针对性的培训，狗会成为真正的表演家。但是请注意：千万不能让狗承受过重的负荷！

现一些问题。例如，狗只服从家庭中的爸爸或者妈妈，不把小孩子当主人看。尤其是如果小孩子没能正确地抚摸狗，它可能会生气甚至发动攻击。所以，学会正确地抚摸狗是非常重要的：永远不要从后向前抓狗！因为狗要看着对方并且闻到对方的气味。为了明确领导者的地位，全体家庭成员要采用同样的方法教育狗，尤其要保证指示和命令的一致性。

狗舞蹈

在狗培训学校不仅可以学到基础训练知识，还可以学习高难度的运动项目，例如，狗舞蹈（Dog Dancing）对于一些有特定动作要求的狗来说，就是一个很好的选择。驯犬师会教它们跟着音乐的节奏旋转、翻滚、跳跃，看起来就像在跳舞。

犬敏捷运动是另一项竞技性体育运动。它

狗在表演舞蹈的时候不需要其他辅助——除了音乐。和狗一起跳舞吧，一起享受这美妙的过程！

有可爱的宠物狗，也有狩猎专家

狗的血统证可以帮助你找出适合自己的狗品种，这里对每个品种的狗都有详细描述，包括该品种狗的大小、重量、擅长的领域以及如何照顾它们。当然我们还需要关注狗的来源地。例如，让一只雪橇犬去热带生活，它显然会感到不舒服；而把一只冠毛犬带到寒冷的地区也是很不负责的。此外，了解狗的性格也很重要——它是热爱群体生活，还是更愿意独来独往？这有利于我们做出正确的选择。最重要的一点就是狗的健康状况。品种狗的优势在于我们能够清楚得知，幼犬长大后的样子；而劣势是品种狗常患有疾病或者行为障碍，所以在一些狗的血统证上列出了它们常见的疾病。不过我们还是想一些最好的情况吧：有一只健健康康的小狗来到了我们家，它在新环境中适应得非常好，它将在这里度过漫长而幸福的一生。如果一切顺利，它甚至可以活到 21 岁！吉尼斯世界纪录中狗的最长寿命目前就是 21 年，这个纪录是一只名叫香奈儿的达克斯猎犬保持的。

德国牧羊犬

性情沉稳、注意力集中的四脚警官。德国牧羊犬是最常见的“海关稽查员”和搜救犬！

可卡犬

可卡犬可爱、黏人、热情、任性。它们如丝般顺滑光亮的毛发尤其需要主人悉心照料。

柯利犬

柯利犬适应能力强，生性热情、黏人，喜欢家庭生活。

西部高地白梗犬

西部高地白梗犬源自苏格兰的西部。

长须牧羊犬

长须牧羊犬的被毛有多种用途。据推测，长须牧羊犬是在400多年前从波兰来到苏格兰的，在苏格兰，它们成了名副其实的“牧羊专家”。

有趣的事实

达克斯猎犬 香奈儿

- 21岁，是世界上年纪最大的狗。
- 热爱巧克力。
- 年老时毛发变白了。
- 年老时甚至戴上了眼镜。

金毛寻回犬

没错，它们在最受欢迎的家庭犬类名单中名列前茅！金毛寻回犬极其忠诚，生性温和热情，是非常好的伙伴。当然前提是我们给它们足够的时间奔跑和玩耍。

比格犬

它们喜欢在狗群中奔跑，在英国被视为猎犬。当狩猎风潮退去之后，比格犬开始转型为家庭犬。

达克斯猎犬

不是只有德国巴伐利亚才有达克斯猎犬（腊肠犬），如今它们已经遍布全球，并且深受喜爱！

小小英雄

一些小型犬深受人们喜爱，人类培育了许多小型犬，专门用来消灭家中的害虫。梗犬喜欢一直跑，直到它们摔倒在地；猎獾犬更愿意独自出发，开始大冒险。虽然这些看上去冒冒失失的小型犬如今都是家庭中的宝贝宠物，但我们依然不应该忘记它们的过去。我们要审视自己的态度，像对大型犬一样平等地看待它们，因为小型犬不仅仅是玩具犬。

法国斗牛犬

体　长	可达 34 厘米
重　量	可达 14 千克
寿　命	12 年左右
原产地	法国
性　格	活泼调皮，喜欢小孩

卡迪根威尔士柯基犬

体　长	可达 32 厘米
重　量	可达 17 千克
寿　命	14 年左右
原产地	英国
性　格	聪明机警，活泼热

西施犬

体　长	可达 27 厘米
重　量	可达 8 千克
寿　命	14 年左右
原产地	中国
性　格	活泼好动，固执任性

达克斯猎犬

体　长	可达 45 厘米
重　量	可达 12 千克
寿　命	17 年左右
原产地	德国
性　格	固执，有趣

杰克罗素梗犬

体　长	可达 38 厘米
重　量	可达 8 千克
寿　命	14 年左右
原产地	英国
性　格	活泼好动，勇敢大胆

巴哥犬（又称“哈巴狗”）

体　长	可达 30 厘米
重　量	可达 8 千克
寿　命	15 年左右
原产地	中国
性　格	活泼、可爱、黏人

西部高地白梗犬

体　长	可达 28 厘米
重　量	可达 10 千克
寿　命	15 年左右
原产地	英国
性　格	忠诚，喜欢小孩

彭布罗克威尔士柯基犬

体　长	可达 31 厘米
重　量	可达 12 千克
寿　命	14 年左右
原产地	英国
性　格	聪明机警，活泼

中型犬

体坛名将和玩具熊，超级跑车和绵羊犬，狩猎大师和长跑健将——这些都可能是中型犬，它们不仅各怀绝技，外表也大不相同：被毛有的卷曲，有的丝滑，有的蓬松，还有的狗身上长着斑点……此外，狗的内在品性也不尽相同。不过有一点是一致的——它们都深受全世界人民的喜爱！

达尔马提亚犬

体高可达 61 厘米，
重量可达 32 千克

达尔马提亚犬这个名字可能和达尔马提亚地区有一些渊源（也叫大麦町犬、斑点狗）。从前人们把它作为马车的护卫犬，跟随在马车的前后奔跑。

宾沙犬

体高可达 50 厘米，
重量可达 20 千克

以前的"捕鼠小能手"已经发展成"贪玩小伙伴"了！宾沙犬非常活泼，是完美的运动犬，一到户外就疯狂地玩耍。和它们在一起，你会感到无限的活力！除此之外，宾沙犬还非常聪明。

比格犬

体高可达 41 厘米，
重量可达 18 千克

比格犬是一种充满活力、热情好动的猎犬，精力旺盛得像一辆没有制动器的小汽车！如今，比格犬通常在海关工作，因为它们嗅觉特别灵敏，能够识别出很微弱、很久远的气味。可是谁又能想到，比格犬十分贪吃，对食物有着疯狂的欲望！

西伯利亚雪橇犬

体高可达 60 厘米，重量可达 28 千克

如今最著名的雪橇犬就是西伯利亚雪橇犬（又名哈士奇）。哈士奇温和友善、体力充沛、耐力持久，它们可以轻松拉动比自己重很多倍的雪橇。寒冷的雪地是让哈士奇感觉最舒适的地方，凭着出色的方向感，它们从来不会迷路。

澳大利亚卡尔比犬

体高可达 51 厘米，重量可达 20 千克

澳大利亚卡尔比犬是一种非常聪明友好的牧羊犬。你能想象吗？当想要超过羊群的时候，它们就会从羊的背部一跃而过！澳大利亚卡尔比犬的精力异常旺盛，好像有永远使不完的劲儿，所以它们需要一直有工作任务来消耗体能。

巴吉度猎犬

体高可达 38 厘米，重量可达 35 千克

巴吉度猎犬虽然看上去一副忧愁的样子，但事实上它们是一种友好热情、活泼可爱的狗！巴吉度猎犬的这对长耳朵尤其需要主人悉心照料。

松狮犬

体高可达 56 厘米，重量可达 32 千克

松狮犬源自中国，是一个非常古老的犬种。松狮犬矜持任性，多数情况下它仅仅亲近一个人，对主人极其忠诚，是看家护院的好帮手。

贵宾犬

体高可达 55 厘米，重量可达 32 千克

毛茸茸的贵宾犬聪明热情、活泼可爱。贵宾犬的祖先曾是水性极佳的水猎犬，另外，贵宾犬厚厚的被毛应该每年至少修剪两次。

这些狗真的好犬！

我们把体高（马肩隆到脚底的高度）超过50厘米的狗称为大型狗。那么作为一只家养狗，它们需要这么大吗？它们能够做到既强壮有力又甜美可爱吗？答案其实是不确定的，并不是所有品种的大型狗都可以做到这一点。对于饲养品种狗的人而言，他们是可以预知小狗长大后的情况的。所以真正的惊喜是杂交狗！下面是一个很常见的现象：杂交狗的幼犬又可爱又娇小，然而它们成长速度飞快，在五个月大的时候可能就需要每天吃一千克的肉，而且每天要外出散步四个小时左右。

金毛巡回犬

体高可达 61 厘米，重量可达 40 千克

金毛巡回犬曾经是深受猎人喜爱的猎犬，后来成为备受家庭宠爱的家犬。它们生性温和，充满热情和耐心，对同伴及人类都十分友善。像德国牧羊犬一样，金毛也是非常出色的导盲犬和搜救犬。

德国牧羊犬

体高可达 65 厘米，重量可达 45 千克

全世界最受欢迎的一种狗！如果你喜欢长时间外出散步——哪怕是在大风天也不例外的话，那么德国牧羊犬将会是你最好的伴侣！不仅如此，牧羊犬还非常好学，聪明极了。

知识加油站

- 令人震惊的爪子：一只柯基犬可以在 13 秒之内轻松将汽车侧窗摇了下来！
- 1989 年，在一场驯兽节目表演中，牧羊犬沃尔瑟从高度 3.58 米的地方跳了下来！

柯利犬

体高可达 61 厘米，重量可达 30 千克

莱西可能是有史以来最有名的牧羊犬！柯利犬不仅聪明勇敢、性格温和，而且体态优雅，跑起来神似芭蕾舞演员！除此之外，生性友好的柯利犬还是非常出色的治疗犬。

伯恩山犬

体高可达 70 厘米，重量可达 45 千克

伯恩山犬厚实的被毛能够帮它们抵御大雪和狂风，所以它们很早就被瑞士人饲养，被训练成为优秀的工作犬。

拉布拉多寻回犬

体高可达 57 厘米，
重量可达 35 千克

昔日的猎场明星，今日的家庭宠儿！拉布拉多寻回犬温和安静，是人类绝佳的伴侣！拉布拉多同时还是出色的游泳健将，它们特别贪吃，会吃掉所有能找到的食物！

巨型雪纳瑞

体高可达 70 厘米，
重量可达 47 千克

巨型雪纳瑞热情机警、聪明可靠，运动能力超强，对家庭非常忠实！曾经被用作山地牧牛犬。

狗中的“大巨人”和“小矮人”

一只重达 85 千克的超大型狗会和一只仅有 500 克重的迷你狗成为好朋友吗? 当然可以! 而且还相处得十分融洽。小狗认为自己像狮子一样, 所以常常勇敢地跳出来, 大大咧咧赶在前面; 大狗反而更加细致敏感, 它们甚至会因为一些声音, 例如叫声、雷声、轰鸣声或者打骂声而感到紧张, 立刻躲到角落里, 抬起腿用厚厚的爪子遮住眼睛。事实上, 狗对自己的大小并没有一个明确的概念。我们常常看到, 巨大的獒犬会在极度高兴的时候用尾巴扫过餐桌, 娇小的达克斯猎犬会不自量力地往比自己高许多的炉灶上跳——为了拿到一块肉排。狗根本就不应该在自己的体型大小上耽误时间!

狮子犬和蝴蝶犬

顾名思义, 像狮子一样的狗就是狮子犬, 有的体重可达 70 千克! 而蝴蝶犬是一种迷你的玩赏犬, 体重只有 4 千克。

一个巨大, 一个迷你

爱尔兰猎狼犬高达 90 厘米, 是世界上最大的狗之一。比熊犬是一种非常古老的迷你型玩赏犬。

不寻常的友谊

吉娃娃是目前人们所知道的最古老的犬种之一, 原产于美洲, 和墨西哥的古老文明有着深厚而密切的关系——体重越轻, 越接近神祇。然而这只圣伯纳犬却从来没有感受过吉娃娃小朋友的“安静”。

大丹犬是真正的“狗中巨人”！大丹犬的体高可达 90 到 100 厘米，重量可达 60 千克，是现今世界上最大的狗。

2004 年，大丹犬“吉布森”凭借 108 厘米的马肩隆高入选吉尼斯世界纪录，成为世界上最大的狗。事实上，吉布森刚出生的个头就比一般大丹犬要大得多，以至于狗妈妈第一眼看到它的时候也忍不住躲到了床下。当然，后来狗妈妈欣然接受了吉布森，并对它充满了宠溺。长大后的吉布森最喜欢的事情就是和它的小伙伴佐薇玩耍。佐薇是一只个头极小的吉娃娃，只有 19 厘米高。多么有趣的一对朋友啊!

在吉布森之后，体高 110 厘米、重量 111 千克的大丹犬“大乔治”创造了新的世界吉尼斯纪录，成为世界上最大的狗。如果“大乔治”要坐飞机的话，它可是要占用 3 个座位的哦!

吉娃娃和大丹犬。虽然都是狗，但吉娃娃和大丹属于不同的犬种。

名词解释

犬敏捷运动：一种狗的运动项目，需要狗用四条腿穿过障碍物跑道。

寻回犬：狩猎犬，善于为猎人寻回猎物。

丁格犬：一种生活在澳大利亚的野狗。

驯　化：人类有意识地将野生动物慢慢驯养成为家畜的过程。

家　犬：友善温和的狗类，适合家庭饲养。

（猎犬的）嘴：指狗的口鼻部。

耳廓狐：也叫耳郭狐，一种沙漠狐。

胁　腹：狗的侧边腹部。

喘　息：当狗感到热的时候就会哈哈喘气。这是因为狗不能像我们人类一样，通过出汗散发热量，调节体温。

后　腿：狗的后腿。

牧羊犬：用于放牧和保护畜群的狗。柯基犬就是著名的牧羊犬之一。

狩猎犬：人类为狩猎而饲养的犬。早在古希腊时期，人们在狩猎时便十分需要一只忠诚的狗。比格犬就是著名的狩猎犬之一。

郊　狼：这种野生犬科动物在北美普遍存在。

臀　部：狗身体后部的最高处。

唇：狗的嘴唇。

猎犬群：一群狗一起狩猎。

杂交狗：狗的一种，其父母是不同的品种或者已经是杂交狗。

鼻　镜：湿润而冰凉的鼻镜可以保证狗拥有灵敏的嗅觉。

巴甫洛夫的狗：巴甫洛夫用狗做了一个实验，其实验结果有助于我们对狗进行科学驯养。

品　种：通常是指一个物种内拥有相似外貌及特征，并且后代也拥有这些特征的特定群体。现在大约有400种狗登记在册。

搜救犬：经过专业培训的狗，例如雪崩搜救犬和水上搜救犬。

狗：德语中公狗是Rüde，母狗是Hündin。

族　群：一群生活在一起的动物组成的家庭。

尾　巴：狗的尾巴有长有短，或浓密或光滑。

豺：一种野生犬科动物，主要生活在亚洲和非洲。

学校安慰犬：新的工作犬种，起安抚人心灵、陪伴人玩耍的作用。在许多学校，安慰犬已经正式上岗，它们在不打扰课堂纪律的前提下，将好心情带给教室内的师生。

汤氏熊：现在各种各样的犬科动物，如狼、狐狸、胡狼、北美郊狼和野狗等的祖先。

泥炭尖嘴犬：非常古老的一个犬种。生活在距今约3000年前博登湖一带的居民村庄里。

前　腿：狗的前腿。

指示猎犬：狩猎犬的一种，当它们发现猎物的时候会突然停止脚步，静静待在原地不动。它们以这种“站定”的方式向猎人指示猎物。

摇　尾：狗在受到刺激的时候会摇尾巴，因此狗的尾巴是一种非常重要的心情风向标：在高兴、害怕、表现挑衅等状态下，狗都会摇尾巴。

幼　犬：我们称出生后65天以内的小狗为狗的幼崽，即幼犬。

马肩隆：狗肩部最高处。马肩隆到脚底的高度就是狗的“体高”。

狼：狗的祖先。

同胞幼崽：狗妈妈同一胎产下的幼崽。

脚　趾：狗可以跑得这么快是因为它们只用脚趾接触地面。

培　育：有目的地选择特定性格或品相的狗并让其交配，从而繁育出特定特征小狗的过程。

图片来源说明 /images sources：
Aardman Animations：19 下；Brandstetter，Johann：9，34；Bulls Pressedienst：18 左；Corbis：19 上右（K. Cobb/Splash News），22 上右（National Geographic Society）；Dreamstime：16 下右（D. McQuil-len），17 上左（A. Van Wyk），17 中右（Kelvnitt），20 下左（A. Van Wyk），28 上（F. Vaninetti）；Ferrero，Elisabetta：8；Laska Grafix：26；Martí，Carles：33 下左；Ovodov，Nikolai：8 中右；Paxmann，Christine：34；Pfahlbaumuseum Unteruhldingen：10；Picture Alliance：2 上右，（M. Evan/Ronald Grant Archive），4 上右（J. Schmitt），4 下左（Mary Evans Picture Library），5 上左（Mary Evans Picture Library），18 上（RIA Nowosti/akg-images），19 上 左（United Archives/IFTN），18 下，26 上（A. Warmuth），39 上右（M. DANIELS），27 下（W. Grubitzsch），Shutterst- ock：2 中左（Ronne Howard），5 中右（Peter Wey），6/7（Denis Pepin），6（outdoorsman），8 上右（Nicholas Lee），9（Ronnie Howard；Wolf），9（JONATHAN PLEDGER；Schakal），9（Christian Musat；Fennek），9（Eric Gevaert；asiat. Wildhund），9（Betty Shelton；Rotfuchs），12 中右（khd），12 下右（Marcel Janco-vic），15（Jim Parkin），16/17（Nejron Photo），21 上（Mat Hay-ward），23 下右（Annette Kurka），24 上右（auremar），25 下左（Shchip-kova Elena），28 中右（Nikolai Tsvetkov），29 中 右（amidala76），29 下（foto story），30 上（Piotr Wawrzyniuk），32 上（AnetaPics），33 下右（benchart），36（Lobke Peers），37 中左（Kachalkina Veronika），37 下右（bluecrayola），40/41（背景图 -Jiri Hera），42 中右（AnetaPics），42/43 上（Ksenia Raykova），43 上右（K. A. Willis），43 下右（Aneta-Pics），44/45（donatas 1205；Holz），44/45（Kostenko Maxim；Karte），46（Robynrg），47（GVictoria）；Thinkstock：1（cyno-club），2 下右（E. Isselée），3 上左（AVAVA），3 中 右，4/5（W. Gajda），9 下（Y. Gluzberg），10 中（S. Lavrentev），10 下右（D. Pellegriti），11 上左（N. Smit），11 中右（cynoclub），12 下左（J. Diaz），13 右（K. Gushcha），13 上（Photos.com），14（M. Valigursky），16 下左（B. Helgason），20 上右（S. Hermans），21 中左（E. Kozhevnikov），21 中右（L. Kulianionak），21 下（V. Shabalyn），22 右（E. Isselée），22 下左（W. Dabrowski），22 中中（n. dressel），23 上左（Marina Maslennikova），23 上右（E. Isselée），24 下（D. Pellegriti），25 中左（cynoclub），25 上（R. Rezny），25 中右（A. Kutz-netsov），26 中右（H. Richter），27 右（E. Isselée），30 下（dfphotonz），31（Artranq），32 中右（H. Pettersson），33 上右（AVAVA），33 上右（T. Mc-Allister），35 下左（ChrisTurnerPhotography），35 上右（Aksakalko），37 上 左（Apple Tree House），40（I. Bachinskaya；Frz. Bulldogge），40（S. Perov；Shihtzu），40（L. Kulianionak；Dackel），40（Z. Buránová；Corgi），41（J. Pavel；Jack Russell），41（Mops），41（L. McWilliams；West Highland），41（S. Lavrentev；Pembroke），42 下左（B. Katsman），42 下（AnetaPics），43 中右（cynoclub），43 下左，44 上右（E. Elisseeva），44 下左（N. Tsvetkov），45 上左（E. Isselée），45 下左（E. Lam），45 上右（D. Coulliard），45 下右（P. Mircea），46 上（one-touchspark），46 中 右（L. Dankova），46 中 右（M. Maslennikova）；Wikipedia：11 下（T. S. Eriksson），12 上（MAN-Napoli），Wildlife：38/39（Juniors Bildarchiv）
环衬：Shutterstock：下右（VikaSuh）
封面照片：封 1：Thinkstock（clsgraphics）封 4：Thinkstock（A.Shaff）
设计：independent Medien-Design

内 容 提 要

这是一本值得信赖的犬学百科。狗狗为什么爱叫？为什么对气味如此敏感？狗狗真的能看懂你的眼神，听懂你说的话吗？为什么狗是人类最好的朋友？《德国少年儿童百科知识全书·珍藏版》是一套引进自德国的知名少儿科普读物，内容丰富、门类齐全，内容涉及自然、地理、动物、植物、天文、地质、科技、人文等多个学科领域。本书运用丰富而精美的图片、生动的实例和青少年能够理解的语言来解释复杂的科学现象，非常适合 7 岁以上的孩子阅读。全套书系统地、全方位地介绍了各个门类的知识，书中体现出德国人严谨的逻辑思维方式，相信对拓宽孩子的知识视野将起到积极作用。

图书在版编目（CIP）数据

忠诚的狗 /（德）克里斯廷·帕克斯曼著 ；张依妮译. -- 北京 ：航空工业出版社，2022.3（2023.8 重印）
（德国少年儿童百科知识全书 ：珍藏版）
ISBN 978-7-5165-2891-4

Ⅰ. ①忠… Ⅱ. ①克… ②张… Ⅲ. ①犬－少儿读物
Ⅳ. ①Q959.838-49

中国版本图书馆 CIP 数据核字（2022）第 021117 号

著作权合同登记号
图字 01-2021-6330

HUNDE Helden auf vier Pfoten
By Christine Paxmann

忠诚的狗
Zhongcheng De Gou

航空工业出版社出版发行
（北京市朝阳区京顺路 5 号曙光大厦 C 座四层 100028）
发行部电话：010-85672663 010-85672683

鹤山雅图仕印刷有限公司印刷 全国各地新华书店经售
2022 年 3 月第 1 版 2023 年 8 月第 3 次印刷
开本：889×1194 1/16 字数：50 千字
印张：3.5 定价：35.00 元

船的故事
从独木舟到远洋邮轮

飞机的秘密
人类飞行的梦想

火山探秘
来自地底的火焰

七大奇迹
上古时期的宝藏

汽车世界
精彩的汽车发展史

鲨鱼家族
海洋里的凶猛猎手

百变天气
阳光、风和暴雨

穿越大自然
探究与保护

鲸和海豚
海洋里的哺乳动物

恐龙王国
永远消失的地球霸主

矿物与岩石
闪闪发亮的宝藏

爬行与两栖动物
壁虎、林蛙和巨蜥

大自然的力量
难以估量的威力

改变世界的电
高电压与超导体

各种各样的鱼
水下的奇妙世界

猫的家族

奇境森林
动物和植物的天堂

忠诚的狗

浩瀚宇宙
宇宙的秘密

狼的故事

蚂蚁和白蚁
了不起的建筑师

美丽的蝴蝶

蜜蜂和胡蜂

潜水的魅力
潜入水下的迷人世界

古老的希腊文明
诸神、英雄和诗人

古罗马生活
古罗马城的社会百态

欧洲风情
人口、国家和文化

骑士时代
城堡、比武大会和贵族女性

舞动的音符
走进音乐的奇妙世界

古老的城堡
中世纪的见证

熊的秘密生活
棕熊、大熊猫、北极熊

化石档案
生命的痕迹

奇妙的昆虫
六条腿的生存艺术家

极地世界
生活在冰雪王国

神秘的蜘蛛
丝线上的猎手

大象王国
温和的“巨人”

海底宝藏
沉没的宝藏
2023
NEW

海洋之谜
海洋研究与保护
2023
NEW

火星登陆
红色星球定居计划
2023
NEW

忙碌的农场
动物、植物与农业机械
2023
NEW

时尚魅力
时尚的古与今
2023
NEW

全球气候
冰期和气候变化
2023
NEW